AF310648

Paris, imprimerie de Paul Dupont,
Rue de Grenelle-Saint-Honoré, 45.

INTRODUCTION.

Appelé au commandement de la station navale dans les mers d'Islande au commencement de l'année 1851, ma première relâche me conduisit au mois de mai de cette année, aux îles Shetlands et à la capitale de ce petit comté, Lerwick.

C'était l'époque du retour des baleiniers de la pêche aux phoques sur les glaces du Groënland, et je fus immédiatement frappé de la prospérité de cette industrie : après examen des produits et une étude sérieuse de la question, je restai convaincu que, de toutes les pêches du Nord, celle du phoque au Groënland donnait les plus beaux résultats.

Ce fut à cette époque que, pour la première fois, j'appelai l'attention du ministre de la marine sur cette question, persuadé que, si je réussissais à diriger l'activité de nos armateurs du Nord vers ces expéditions si productives, un succès, qui ne me paraît pas douteux, fixerait à jamais chez nous une industrie qui viendrait se placer à côté de celle de la pêche de la morue.

Trois voyages successifs aux îles Shetlands m'ont permis, depuis, de recueillir, sur les armements au Groënland, tous les renseignements propres à éclairer la question sous toutes ses faces et à tous les points de vue ; l'intérêt privé, de son côté, surexcité par mes premières publications, a pris sur les lieux des informations qui n'ont fait que justifier des chiffres qu'on pouvait peut-être supposer exagérés, à l'endroit des bénéfices nets ; mon rapport, en date de Cherbourg, 14 mars 1853, en réponse à diverses questions posées par la chambre de commerce de Dieppe, n'a soulevé aucune objection, et, au contraire, plusieurs chambres de commerce, celle de Dunkerque notamment, paraissent sérieusement décidées à faire des armements pour le Groënland. — Je puis donc, avec une certaine autorité, — *faire l'exposé de la pêche aux phoques au Groënland ; — présenter tout le détail de ces expéditions telles qu'elles sont dirigées dans les ports d'Ecosse, et enfin donner à nos armateurs du Nord tous les renseignements pratiques qui pourront leur être utiles pour un premier armement.*

DE LA PÊCHE AUX PHOQUES

ET

DE L'INTRODUCTION DE CETTE INDUSTRIE EN FRANCE.

Exposé de la pêche aux phoques.

Je n'ai pas besoin de faire l'historique de la pêche aux phoques dans les mers polaires ; tout le monde sait qu'au xviiᵉ siècle, et plus tard au xviiiᵉ siècle, de véritables flottes partaient des ports de la Hollande, des Villes Anséatiques, d'Angleterre et des provinces basques, à la poursuite des baleines, des morses, des phoques qui abondaient au Spitzberg, aux îles de Jean Mayen et sur les côtes du Groënland ; que ces pêches étaient si productives qu'on se disputait, dans ces régions désolées, la possession des havres qui permettaient un établissement à terre, et que, par suite de leur importance, des traités internationaux avaient déterminé les ports appartenant à chaque pavillon. C'est à ces pêches que les Provinces-Unies durent leur puissant état maritime, qui les rendirent sur mer les émules de la France et de l'Angleterre.

Parages fréquentés par les phoques.

Depuis longtemps, les phoques ont abandonné les parages du Spitzberg, et c'est maintenant sur les côtes du *Groënland*, près des îles de *Jean Mayen* et par les 75° de latitude, qu'ils se trouvent en plus grand nombre ; c'est sur les glaces soudées au continent, sur le méridien de l'Islande et sur la banquise qui se prolonge au Nord et à l'Est, que se tiennent leurs nombreux troupeaux que les baleiniers poursuivent en s'avançant toujours dans le Nord.

Comme toute chasse, c'est une recherche sur laquelle on ne peut pas donner des renseignements très-précis ; tous les Ecossais que j'ai consultés m'ont paru ne pas être certains de la navigation faite en vue des glaces, et je suppose qu'ils se pré-occupent peu de déterminer tous les jours leur position. J'ai vu des cartes grossièrement pointées, qui ne m'ont procuré au-cun renseignement sur lequel je puisse compter ; mais je suis sûr, cependant, que le point d'atterrissage ou de ralliement est aux îles de Jean Mayen, et que les recherches se font en allant vers le Nord, jusqu'au 75° et au delà, si la mer est libre.

Le nombre de ces amphibies est tellement considérable, que la petite flottille écossaise envoyée aux glaces, et qui se com-pose en moyenne de 40 navires, revient tous les ans avec un chargement de plus de cent mille phoques, tués dans le court espace de quelques semaines. Rien ne peut faire supposer que de longtemps ce chiffre aille en diminuant, car toutes les sta-tistiques que j'ai consultées montrent que l'industrie de la pêche aux phoques est en voie croissante de prospérité.

Navigation des baleiniers.

Les baleiniers qui, il y a quelques années encore, s'occu-paient exclusivement de harponner des baleines, et fréquen-taient de préférence dans ce but le détroit de Davis et la baie de Baffin, semblent abandonner maintenant peu à peu la pour-suite de ce cétacé, pour s'occuper de préférence de la pêche des phoques. En 1852, sur 47 navires expédiés du Nord de l'Ecosse comme baleiniers, 34 étaient armés pour le Groën-land et 13 pour le détroit de Davis. En 1853, le nombre total des navires était de 56, mais 11 seulement partaient pour le détroit de Davis à la pêche de la baleine, et 45 allaient au Groënland à la pêche du phoque.

Les navires expédiés au Groënland sont cependant généra-lement armés en baleiniers et pourvus de tous les engins et ustensiles propres à la pêche de la baleine ; mais, depuis quel-ques années, on fait quelques armements exclusivement pour le phoque, et qui sont en conséquence beaucoup moins coû-teux. Sur 16 navires expédiés de Péterhead en 1851, 6 seule-ment avaient harponné quelques baleines, le reste s'était seule-ment occupé du phoque. En 1852, le même port expédiait 6 navires, armés spécialement pour la pêche du phoque, et les armateurs se trouvaient parfaitement bien de cette détermina-tion qui leur avait permis de diminuer considérablement les dépenses de leurs armements.

Départ des baleiniers.

C'est du 15 mars à la fin d'avril que se fait la chasse aux

phoques sur les glaces. A cette époque, les jeunes phoques ont à peu près atteint tout leur développement, mais cependant ne sont point encore assez forts pour aller à l'eau et éviter ainsi la poursuite qui leur est faite par les habiles chasseurs shetlandais. — On les tue d'un coup de massue asséné sur la tête; l'instrument dont se servent les pêcheurs ressemble à une gaffe de trois pieds de long avec le fer ordinaire long et pointu, qui a au bout du manche un assommoir rond; rarement pour les jeunes, les pêcheurs sont obligés de se servir du fer emmanché à la gaffe; mais pour les vieux, qui se défendent vigoureusement, la lutte est souvent plus longue, et même dans ce cas les pêcheurs ont une carabine (*rifle*) pour pouvoir les tuer à distance.

Il arrive quelquefois que le vieux phoque blessé gagne la mer et alors il se réfugie sous les glaces d'où il est très-difficile de le retirer. — Cette difficulté d'atteindre les vieux phoques fait que le mois de mai arrivé, les chances de pêche sont finies et qu'alors les navires reviennent au port d'armement.

Relâche aux Shetlands.

Le départ pour la pêche se fait des îles Shetlands, soit de Lerwick, soit de Balta-Sound, où les navires armés en Ecosse viennent prendre le supplément de matelots shetlandais qui leur est nécessaire pour la poursuite des phoques sur la glace. Ces matelots habitués au rude climat des Shetlands, et qui depuis leur enfance ont fait ces campagnes au Groënland, sont indispensables pour le succès de ces expéditions; leur salaire est moins élevé que celui des matelots composant l'armement proprement dit, et en outre, ce contingent se compose de tout jeunes gens, mousses et novices.

Engagement des Shetlandais.

Le mode suivi à Lerwick pour l'engagement des Shetlandais est fort simple; vers le 15 février, à l'époque de l'arrivée des navires baleiniers aux Shetlands, ces hommes qui résident presque tous dans la campagne, s'occupant ou de pêche ou des travaux des champs, se réunissent dans la ville; ils s'engagent alors eux-mêmes avec le capitaine qui a à Lerwick un agent nommé par les propriétaires du navire : celui-ci régularise le marché fait par le capitaine, donne les avances convenues ou nécessaires, paye les gages mensuels à la famille du matelot shetlandais quand le navire est absent, fait la balance de ces mêmes gages quand le navire revient, et régularise la paye des primes quand la cargaison du navire a été officiellement constatée.

Au retour de la pêche, les Shetlandais sont débarqués à Lerwick si c'est leur résidence, ou envoyés chez eux aux frais des armateurs, ce qui est toujours une dépense très-faible.

Il y a à Lerwick trois ou quatre de ces agents qui s'occupent de ces recrutements, mais le nombre n'en est pas limité, et pour une expédition française, ce serait le consul français, M. Hay, un des principaux négociants de ces îles, que l'on devrait charger de ce soin.

Il existe aussi à Lerwick un agent du Gouvernement, officiellement chargé de ce service; mais à l'époque de l'arrivée de la flottille, il y a tellement à faire et toutes ces différentes conventions entraînent tant de difficultés, que les agents dont j'ai parlé plus haut, sont autorisés à faire les engagements des marins shetlandais. — Ces hommes apportent avec eux leurs vêtements et leurs chaussures appropriées au rude séjour dans les glaces, leurs chauds tissus de *vadmel* tricotés dans leurs familles et qui, foulés avec soin, sont impénétrables au froid et à la pluie.

Les baleiniers à la banquise.

Les baleiniers qui ont quitté les ports d'armement en Ecosse, bien approvisionnés, avec quatre mois de vivres s'ils doivent s'occuper du phoque seulement, et avec huit mois de vivres s'ils poursuivent la baleine, quittent alors le port de Lerwick dans les premiers jours de mars et se dirigent vers les côtes du Groënland pour attaquer la banquise. Arrivés dans les parages habituellement fréquentés par les phoques, une surveillance continuelle est établie du haut de la mâture, dans le *Crow'snest* (nid de corbeau), espèce de guérite assujettie sur le mât de grand perroquet, qui sert à abriter le guetteur. Un troupeau est-il signalé, le bâtiment est approché de la banquise, et c'est alors qu'il faut au capitaine tout le sang-froid et toute l'habileté que peuvent seules donner une grande habitude et une confiance sans bornes dans son navire. L'approche de la banquise, c'est-à-dire de la partie ferme et sans mouvements de la glace, est souvent rendue difficile et très-délicate par les amas de glaces flottantes que les vents et les courants entraînent avec violence, par des portions de glaçons à fleur d'eau et d'autant plus dangereux; par des pics élevés nommés

par les Ecossais *icebergs* et qui changeant quelquefois soudaine-
ment de centre de gravité par suite d'éboulements, reviennent
à l'équilibre, flottant au milieu d'un fracas épouvantable. —
C'est au milieu de ces récifs en mouvement, que le capitaine
doit juger, avec un coup d'œil sûr, la route à suivre pour
atteindre à travers d'étroits passages les petits havres naturels
où il doit trouver dans la banquise les eaux calmes et le bassin
qui doit le recevoir. — Le navire est amarré aux glaces sur
des grappins à une ou à deux branches dont je donnerai plus
tard la description aux détails d'armement. Une fois le navire
à portée, les baleinières sont mises à la mer, les barriques
embarquées ainsi que les ustensiles de chasse; les hommes sont
pourvus de vivres en cas de brumes qui pourraient survenir ;
des signaux de convention sont établis ; des lignes légères qui
doivent guider les chasseurs vers le navire en cas de brouil-
lards sont aussi disposées. La chasse commence et les phoques
sont apportés aux embarcations : là ils sont dépecés, c'est-à-
dire que la peau est séparée de la graisse, et celle-ci coupée
en lanières qui puissent passer par la bonde des barriques qui
est agrandie à cet effet. Au retour des embarcations à bord,
la graisse (*blubber*) est mise dans les caisses en fer de l'arrimage ou conservée dans les barriques, et les peaux, sur les-
quelles on jette du sel, sont entassées les unes sur les autres
dans la cale. Quand les phoques sont nombreux et que tout
l'équipage est employé à leur poursuite, la séparation de la
peau ne se fait pas immédiatement, on se contente d'enlever
les entrailles, et les phoques sont jetés pêle-mêle dans les caisses, et, plus tard, quand le navire est au large à la recherche
d'autres troupeaux, l'arrimage des peaux et des graisses se
fait à loisir, l'essentiel étant de profiter sans retard de la bonne
veine dans laquelle on se trouve. Des capitaines font ainsi leur
plein chargement en deux ou trois chasses, tandis que d'autres,
séparés de la banquise par des obstacles infranchissables,
voient du haut de la mâture des troupeaux qu'ils ne peuvent
approcher. C'est alors que les grands navires ont de l'avantage, parce que, par leur plus grande force vive, ils peuvent,
en forçant de voile et s'avançant franchement au milieu de la
glace mouvante, se frayer un chemin que la solidité de leur
coque leur a permis d'essayer. C'est alors que les moyens de
consolidation que je détaillerai plus tard sont mis en usage;
les épontilles, les jambes de force sont mises en place devant
et aux bossoirs et les verrins disposés pour les efforts latéraux.

Je me hâte d'ajouter que les accidents, les pertes de navires surtout, sont très-rares; j'ai, depuis quatre ans, la liste de tous les bâtiments envoyés au Groënland, et, à l'exception de deux, le *Spitzbergen* et le *Joseph-Green*, les mêmes navires se retrouvent avec les mêmes capitaines généralement; et la perte des deux navires le *Spitzbergen* et le *Joseph-Green* n'entraîne pas comme conséquence la disparition des équipages, car tous les baleiniers, souvent en vue les uns des autres, doivent se prêter une mutuelle assistance [1].

Considérations sur la pêche au phoque *seule*.

Comme je l'ai déjà dit, presque tous les navires envoyés au Groënland sont armés pour un double but, et leur équipage est en conséquence composé de la même manière que ceux qui vont au détroit de Davis et à la baie de Baffin, où se fait, aux mois de juin et suivants, la pêche de la baleine proprement dite. Les baleiniers du Groënland peuvent donc poursuivre et harponner des baleines quand il s'en présente; mais depuis quelques années, ces cétacés abandonnent les glaces du Spitzberg, les banquises du N. E. du Groënland et même aussi le N. E. de l'Amérique, pour se reporter vers le détroit de Behring où les baleiniers américains les rencontrent maintenant en quantités innombrables. Les Américains depuis trois ans envoient dans ces parages de véritables flottes et y font de magnifiques affaires. La possibilité du passage Nord-Ouest, démontrée dernièrement par la jonction des deux équipages de l'*Investigator* et du *Resolute*, commandés par les capitaines *M'Lure* et *Inglefield*, est donc intéressante sous ce rapport qu'elle permet d'espérer d'atteindre les côtes d'Amérique au détroit de *Behring* aux navires engagés dans le détroit de *Lancastre*. Mais, par suite de la diminution des baleines au Groënland et du succès toujours croissant des pêches au phoque, dont les peaux sont de jour en jour plus estimées dans l'industrie, des essais heureux ont été tentés avec des navires qui n'ont point à s'occuper de la recherche des baleines, et par conséquent, sans lignes, harpons, lances, espingoles à lancer les harpons, etc. Ces nouveaux armements, qui peuvent alors se passer de *harponneurs*, de *fileurs de ligne*, etc., dont les gages sont très-élevés, sont donc beaucoup moins chers. Dans ce cas, le navire à

---

[1] Voir, dans les notes, p. 41, le rapport de pêche du capitaine Stephen, du *Milinka*, arrivé le 11 mai 1852 à Lerwick.

la recherche du phoque est un simple bâtiment marchand, d'une construction renforcée pour les glaces, et les seuls outils dont ils sont pourvus, sont les gaffes à tuer les phoques, quelques carabines et des couteaux à dépecer. Sur six navires de *Peterhead* armés en 1852 de cette manière spéciale, quatre sont revenus avec un nombre de tonneaux d'huile supérieur à la moyenne de celui des baleiniers proprement dits, qui, pendant la campagne du Groënland, avaient mené de front la pêche aux phoques et celle à la baleine, et le nombre des peaux le double à peu près de la moyenne de ceux-ci. Avec la certitude de rencontrer les troupeaux de phoques nombreux, il y aurait donc grand avantage à réduire l'armement aux proportions de cette pêche, mais je pense que la crainte de manquer leur voyage fera que la plupart des armateurs de *Peterhead* continueront encore à armer complétement leurs baleiniers, au moins pour le temps de la campagne du phoque, pour se ménager les moyens de harponner quelques baleines, et dans un premier essai, la prudence commanderait peut-être de se présenter avec toutes chances de réussite des deux côtés.

Retour des baleiniers.

Dans les premiers jours de mai, époque à laquelle les jeunes phoques ayant atteint leur croissance commencent à aller à l'eau, les baleiniers quittent la banquise pour retourner aux Shetlands et y déposer le contingent de Shetlandais pris au mois de février; de là ils rejoignent le port d'armement. Les baleiniers qui ont été malheureux et qui ont des vivres en prévision d'une campagne plus longue viennent continuer leur campagne au détroit de *Davis* dans les mois de juin et de juillet.

C'est au port d'armement que se fait la transformation de la graisse de phoque en huile. On estime en général la déperdition en poids de la graisse dans cette opération au tiers à peu près, mais c'est un chiffre maximum [1].

Prix de l'huile et des peaux.

Le prix moyen de l'huile de phoque sur les marchés d'*Ecosse*

---

[1] Dans tous les tableaux de pêche que je présenterai, et toutes les fois qu'il sera parlé de la cargaison d'un navire en tonneaux, ce sera bien des tonneaux d'huile et non des tonneaux de graisse dont il sera question; si on veut avoir le chargement réel, il suffira d'augmenter du tiers le chiffre porté sur les états.

est de 30 livres sterling le tonneau ; en 1851 il était monté à *Peterhead* jusqu'à 35 livres sterling, l'année dernière il était de 33 livres sterling. Il y a du reste sur cette marchandise de grandes fluctuations en Angleterre, car l'introduction de l'huile y est libre, et, en conséquence, son prix doit être beaucoup influencé par la spéculation. Quant aux peaux de phoque, elles se vendent de 3 à 4 *shellings* pièce et sont généralement employées aujourd'hui comme chaussures, étant corroyées ; elles donnent un cuir d'une souplesse extrême et parfaitement imperméable, à leur état naturel ; on en fait des valises de toute espèce, de petites malles de chemin de fer, etc. ; nul doute que, par un usage plus général, ces peaux n'atteignent un prix beaucoup plus élevé, surtout en France où nous n'avons pas d'analogues.

Calcul des chances de réussite.

Les chances de réussite à la pêche du phoque peuvent aisément se calculer d'après les rapports successifs publiés par les ports d'Ecosse qui font des armements au Groënland. Je citerai seulement les chiffres du port de *Peterhead*, comme ceux qui représentent plutôt la pêche du phoque proprement dite, quoique la moitié des navires cependant fassent aussi la pêche de la baleine.

En 1849, *Peterhead* prenait avec 12 navires, 38,885 phoques.
— 1850, — — 11 — 63,426 —
— 1851, — — 15 — 82,084 —
— 1852, — — 20 — 77,572 —
— 1853, [1] — — 22 — 81,802 —

En consultant les pièces justificatives qui sont à la fin de ce Traité, on verra que les produits se sont assez également répartis par rapport au tonnage du navire, et que très-peu de baleiniers ont fait faible pêche : un seul est revenu vide (*clean*).

La pêche a été en s'accroissant depuis cinq ans, car le résultat de la campagne de 1853, qui n'est qu'approximatif et seulement un rapport de mer, est certainement au-dessous du chiffre réel, car les navires n'ont pas tous quitté la banquise le 29 avril [2].

---

[1] Rapport approximatif venu du Groënland, le 29 avril 1853, par un navire qui revenait des glaces.

[2] Voir les notes.

En 1853, le chiffre total des navires écossais, expédiés de
différents ports pour la pêche au Groënland, était de 45, qui
tous ont eu le même succès ; si on joint à ces navires quelques
baleiniers de la Baltique, et quelques Norwégiens qui ont commencé il y a deux ans ces expéditions, on verra qu'on peut sans
exagérer porter à près de deux cent mille le nombre des
phoques pris dans une saison.

Rendement moyen des phoques en huile.

Ces amphibies ne sont pas tous de la même stature quand
on les tue, soit à cause de la différence d'âge, soit qu'ils se
trouvent dans la catégorie des vieux ou des jeunes, soit enfin
par suite de nuances dans les espèces ; aussi le rendement en
huile n'est-il pas toujours le même dans une certaine quantité
d'animaux, et il y a quelquefois des différences notables : cependant on peut adopter, comme moyenne devant donner peu
de mécomptes, le chiffre de 80 phoques pour un tonneau
d'huile, mille kilogrammes. Cette huile a toutes les propriétés
de l'huile de baleine, plus claire seulement, et obtient sur les
marchés la préférence sur celle-ci.

Calcul des bénéfices nets.

Le bénéfice moyen avoué par tous les armateurs d'Ecosse,
bénéfice net, obtenu après trois mois de campagne, est au
moins de 30 p. 0/0. Tous les navires qui reviennent avec
cargaison entière *(full ship)*, — et les statistiques annuelles établissent que plus de la moitié de la flottille revient au port en
cet état, — donnent plus de 40 à 50 p. 0/0.

Toutes mes correspondances établissent parfaitement ce
chiffre, qui ne varie pas et qui ressort du reste de l'estimation
qu'il est facile de faire, en établissant le chiffre des produits
et en prenant pour base du prix d'armement qu'un navire de
300 tonneaux de jauge officielle *(register)* disposé pour la
pêche de la baleine et du phoque, et tout à bord pour une
campagne de 4 mois, coûte 6,365 livres sterling, 160,000 francs
en nombre rond.

Pour me défendre contre tout entraînement d'exagération,
je n'ai parlé ici que de moyennes en résultat ; si nous prenons
des exceptions, cependant fréquentes encore, nous verrons, par
exemple, que le *Mazinthien*, en 1851, et l'*Agostina*, en 1852, auront dû rapporter à leurs armateurs 100 p. 0/0 de leur capital. Il est bon d'observer que ce magnifique résultat est ob-

tenu dans des opérations, qui cependant donnent à tous les employés des primes très-fortes sur les produits qui ont élevé, dans certaines circonstances heureuses, les appointements du capitaine à près de 500 livres sterling.

Expéditions norwégiennes et autres à la pêche du phoque.

C'est sur des documents entièrement écossais que j'ai étudié cette question de la pêche du phoque, et cependant d'autres nations ont expédié depuis quelques années des navires au Groënland. La Norwége, ce pays si essentiellement maritime et qui depuis son indépendance administrative est dans un état croissant de prospérité, a fait, en 1850, un premier armement, dans un port voisin de Christiania, qui a été aussi heureux que possible. Ces succès ont encouragé les armateurs qui ont augmenté leurs expéditions, et je sais que les résultats ont été, comme bénéfice net, encore plus remarquables que ceux des armements écossais. Ceci s'explique par le bon marché de la construction norwégienne et par cette circonstance que l'équipage entièrement norwégien a un salaire beaucoup moins élevé que celui des matelots écossais. Le premier capitaine norwégien qui a importé dans son pays cette nouvelle pêche, ayant fait plusieurs campagnes au Groënland sur des navires de la flottille écossaise, s'était senti assez fort pour former et diriger immédiatement ses solides matelots du *Nordland*, habitués aux navigations des mers polaires.

Considérations générales.

D'après l'exposé rapide que je viens de faire de l'état prospère des pêches du Groënland et des bénéfices énormes réalisés dans ces expéditions, il est facile de voir que jamais affaire n'a présenté d'aussi grandes chances de succès ; aussi j'appelle de tous mes vœux le moment d'un premier essai en France. Sont-ce les capitaines audacieux, les matelots endurcis à la fatigue et habitués aux navigations des mers du Nord qui feront défaut ? on peut assurer que non ; car les navires expédiés de Saint-Malo, de Granville, de Dieppe aux établissements à terre de Terre-Neuve, arrivent toujours au détroit de Belle-Ile, dans le golfe Saint-Laurent et à la côte Nord, avant la débâcle, et sont souvent obligés de se frayer un chemin à travers la banquise pour atterrir. Les *Terreneuviers* du grand-banc doivent avoir l'habitude des glaces flottantes, et nos deux mille matelots d'Islande, font, pendant six mois sur les mers toujours tourmentées de ses côtes froides et brumeuses, une navigation qui, par sa durée, est plus pénible que celle du Groënland. Quand nos matelots auront vu de leurs propres yeux les coques des baleiniers fortement doublées jusqu'à la flottaison, bardées de fer à l'avant et à l'arrière, et renforcées à l'intérieur par un système d'épontilles qui défie toute pression, ils comprendront eux-mêmes qu'ils pourront sans crainte affronter le choc des glaces. Ces courtes campagnes rentreraient tout à fait dans les habitudes de nos matelots du Nord, principalement ceux de Dunkerque, qui font plus volontiers une campagne pénible qui les ramène promptement dans leurs familles, qu'une absence prolongée dans des mers plus tranquilles. L'appât d'une campagne fructueuse doit aussi encourager nos prévoyantes populations du littoral de la Manche, et si un voyage en Islande, ou au hareng d'Ecosse donne à chaque matelot 4 ou 500 francs à la part, il est certain que la prime à la pêche du phoque donnera un dividende plus élevé encore.

Primes d'assurance.

Pour en revenir aux chances de pertes ou d'avaries, nous avons un moyen de les connaître approximativement par la comparaison des primes d'assurance pour les campagnes du Groënland en Ecosse, et celles, en France, des pêches en Islande, à Terre-Neuve et au grand banc. En 1851, le cours des primes de pêche sur la place de Paris était :

De 3   p. % pour Islande, une pêche.
— 5   p. % pour Islande, deux pêches.
— 3   p. % aller au banc ou à la côte et revenir.
— 3 1/4 p. % aller au banc et à la côte et revenir.

A *Peterhead*, le prix moyen d'assurance pour le Groënland est de 3 1/2 pour 0/0 pour une campagne, et fréquemment des navires partent même sans être assurés.

Je vais passer maintenant aux détails d'armement, d'approvisionnements et de composition d'équipages de ces expéditions de pêche, et expliquer le mécanisme de cette industrie, telle qu'elle est pratiquée dans les ports du Nord de l'Ecosse.

Ports d'armement en Écosse.

Les principaux ports d'Ecosse qui arment pour la pêche au Groënland et au détroit de Davis sont : *Peterhead, Aberdeen,*

2

Dundee, Kirkaldy, Bo'ness et *Hull. Peterhead* est de ces différentes places celle qui expédie le plus grand nombre de navires.

J'ai déjà dit que la plupart de ces baleiniers, la presque totalité, était armée en prévision de la baleine; c'est donc un baleinier que je décrirai. Il sera toujours facile de revenir à l'armement simple pour le phoque, puisqu'il ne s'agira plus que de faire un travail d'élimination.

Tonnage du baleinier.

Le tonnage moyen des bâtiments baleiniers, celui qui satisfait le mieux à toutes les conditions de solidité, de bonne navigation, d'emménagements commodes pour l'équipage est celui de 300 tonneaux. C'est le chiffre qui résulte d'ailleurs de la moyenne prise entre tous les tonnages des bâtiments expédiés ces dernières années. Comme la composition d'équipages est toujours très-forte et plus que suffisante pour toutes les manœuvres de voiles ou de force qui peuvent se présenter et que ce grand nombre de matelots est une des conditions essentielles de réussite, on doit donc laisser de côté l'insignifiante économie qu'on réaliserait au moyen d'une coque plus petite, pour se donner toutes les chances d'un succès de pêche complet. J'ai déjà dit les raisons qui militaient en faveur d'un grand navire; j'ajouterai encore que les fatigues et les souffrances des navigations des mers polaires sont assez grandes, pour éviter de les augmenter encore sur un petit navire sans défense et sans abri. Ces considérations n'empêchent pas cependant les armateurs d'expédier de petits bricks : ainsi pendant deux ans le *Pomona* de Peterhead que j'ai vu aux Shetlands et en Islande, solide navire de 119 tonneaux, a eu, en 1851 et 1852, deux pêches fort heureuses. Le *M. A. Henderson* du même port, d'un tonnage de 132 tonneaux, a eu également du succès; mais à côté de ces petits navires, nous voyons sur les listes huit ou dix bâtiments de plus de 300 tonneaux, et le *Mazinthien*, le plus fort navire de la flottille, du port de 490 tonneaux, revenait en 1851 avec la plus belle pêche connue, 214 tonneaux d'huile et 15,574 peaux, résultat obtenu dans une campagne de trois mois, car il fut un des premiers de retour au port, et ne s'était point occupé de la pêche de la baleine.

Mâture et gréement du baleinier.

Tous ces navires sont mâtés en carrés, trois-mâts ou bricks.

Quand un bâtiment a en moyenne un équipage de 30 à 40 hommes, on peut donner à sa voilure tout le développement qu'on croit convenable aux parages que l'on doit fréquenter ; ainsi, sous ce rapport, c'est une affaire d'appréciation. Cependant, règle générale, la mâture doit être très-solidement tenue, le gréement simple mais à l'épreuve ; le beaupré court, relevé et faisant corps, pour ainsi dire, avec le navire, mâts de perroquet d'hiver, plutôt de la hauteur dans le guindant que de l'envergure, des manœuvres courant très-aisément dans les poulies : Eviter le fer autant que possible dans le dormant et le courant, à cause de l'abaissement de température, et enfin, dans les dispositions des manœuvres en général, se rappeler qu'il est inutile de se donner les moyens de multiplier la force aux dépens de la vitesse, puisque l'équipage peut répondre à tous les besoins. J'ai vu des baleiniers, entrant dans le goulet étroit de la rade de *Lerwick*, en louvoyant bord sur bord, manœuvrer avec la précision et la souplesse d'un bâtiment de guerre. Le *crow'snest*, guérite fermée qui, au moyen d'ouvertures, permet de guetter sur tous les points de l'horizon, est installée sur le grand mât de perroquet : c'est une pièce de trois, cerclée en fer.

Malgré la difficulté de pouvoir dans tous leurs détails décrire les moyens de consolidation de la coque à l'extérieur et à l'intérieur, je vais cependant essayer de faire comprendre les principales dispositions adoptées au port de Peterhead dans ce but.

Renforts extérieurs et intérieurs du baleinier.

Le baleinier est déjà par lui-même un navire solidement construit, d'un fort échantillon, avec des membrures peu espacées et quelquefois à mailles pleines, un vaigrage soigneusement fait et calfaté en dedans, même entre mailles. La coque extérieure, après avoir été visitée et mise en état, est recouverte d'un doublage de 6 centimètres au moins d'épaisseur depuis la quille jusqu'aux préceintes ; la partie sous l'eau, le navire lège, est en orme d'Amérique, et toute la partie supérieure à la ligne d'eau, en chêne d'Afrique. Toute la partie de l'étrave jusqu'aux *écubiers* est doublée en plein tout le long de la râblure, et toute la partie de l'avant jusqu'à la joue du navire est armée à la flottaison et un peu au-dessous, de fortes tôles solidement chevillées : de même derrière, sous les façons du navire. Un second doublage en bois plus tendre est établi à la flottaison, seulement pour supporter et amortir le premier choc des glaces.

Le navire n'ayant pas de doublage en cuivre, les ferrures du gouvernail sont en fer et assez rapprochées les unes des autres pour plus de solidité. Pour en finir de suite avec le gouvernail, je remarquerai qu'il est disposé de telle manière qu'il puisse se monter et se démonter avec toutes facilités à la mer, cette opération, au milieu des glaces, se faisant assez souvent, et d'un autre côté la première chose à faire aussitôt que le navire est pris étant de mettre d'abord le gouvernail à bord.

La consolidation intérieure du navire se fait au moyen de larges bordages longitudinaux mis à la hauteur de l'entrepont. C'est à l'avant que sont concentrés les moyens les plus puissants de résistance; des courbes de renfort sont chevillées près des bossoirs et dans une étendue de 6 à 8 pieds sur l'arrière des bossoirs ; des bordages placés diagonalement viennent relier tous ces renforts; des épontilles en fer et à vis sont disposées pour s'opposer au soulèvement des baux du pont par une forte pression, et des jambes de force sont toutes prêtes à être mises en place au besoin partout où l'on peut craindre un effort trop violent.

Les pompes doivent appeler l'attention particulière du constructeur.

Dépense du navire renforcé pour les glaces.

On évalue le prix des renforts intérieurs et extérieurs, le doublage, etc., etc., enfin la transformation d'une coque ordinaire en baleinier du Groënland à 60 shellings par tonneau de jauge.

Emménagement.

Les emménagements intérieurs se composent d'une grande cale où sont les caisses en fer ou les barriques du chargement qui, au départ, sont pleines d'eau douce et aussi de sel, mais en petite quantité pour les peaux de phoque. Sur l'arrière sont les soutes aux vivres et aux rechanges : au pied du grand mât et dans l'archipompe, tous les instruments qui servent aux glaces, les scies, pioches, pics, etc., etc.

Au-dessus du plan des caisses, s'étend un vaste entrepont qui va depuis la cuisine jusqu'à la chambre du capitaine et au poste des maîtres, et qui a de 5 à 6 pieds d'élévation.

Logement de l'équipage.

C'est là qu'est le logement de l'équipage. La chaudière se fait sur l'avant de l'entrepont, généralement à tribord, dans un vaste espace où les matelots peuvent facilement se chauffer, la cuisine étant accessible sous toutes ses faces. Des cabines à deux couchettes superposées sont disposées à bâbord devant, vis-à-vis des cuisines, pour les matelots. Les coffres ou caissons sont mis en à bord pour les effets de l'équipage. Toute la partie de l'entrepont, au-dessus des caisses à eau ou barriques, est à panneaux volants assez larges pour que l'accès de la cale soit sur tous les points aussi facile que possible.

Logement du capitaine.

Le logement du capitaine à l'arrière doit être confortable et commode, avec cheminée sur la cloison de l'avant, pouvant chauffer par conséquent le logement des maîtres qui, accessible par l'entrepont, est sur l'avant de la cabine du capitaine. Une vaste cambuse est disposée dans la cale sous le logement du capitaine et sur l'arrière de l'archipompe, avec un poste de distribution à l'arrière de l'entrepont.

Caisses en fer.

L'arrimage le plus convenable, celui qui perd le moins d'espace et qui facilite le plus le service, c'est celui des caisses en fer. Dans les nouveaux armements, les barriques ont été abandonnées ou seulement conservées en petite quantité pour mettre sur les ailes. Ces caisses sont fort grandes, tenant tout l'espace depuis la carlingue jusqu'aux panneaux volants de la cale ; leur dimension m'a paru être de trois à quatre tonneaux. Elles sont faites en forte tôle et le trou d'homme est assez grand pour qu'on puisse avec toutes facilités pénétrer dans la caisse ; plusieurs baleiniers ont des caisses de façon sur les ailes. Cette disposition augmente les frais d'armement, mais les avantages sont si grands que les armateurs n'hésitent plus à faire cette dépense. Le prix des caisses en fer est évalué à 20 livres sterling par tonne, d'après un renseignement que j'ai reçu de *Fraserburgh* l'année dernière, mais je ne puis m'empêcher de considérer ce chiffre comme fort exagéré.

Embarcations.

L'armement en embarcations dépend de la grandeur du na

vire et surtout du but que se propose le baleinier dans sa campagne. Si la recherche de la baleine est le principal de l'opération, il y a à bord jusqu'à huit baleinières et la chaloupe : si on poursuit le phoque seulement, le nombre des baleinières est réduit; les chiffres suivants peuvent servir de base. Le *Pomona* avait trois baleinières et la chaloupe, le *old boat*; le *M. A. Henderson*, trois aussi, et le *Xanthus*, quatre; ces baleinières, toutes du même modèle, sont légères, solides, et ont à l'arrière une plate-forme pour recevoir l'espingole à lancer les harpons. Ces baleinières sont hissées derrière à des bossoirs en bois solidement établis, deux de chaque côté. Le prix de ces baleinières est de 20 livres sterling chacune.

Objets divers pour les glaces.

Les objets employés aux glaces, soit pour se dégager, soit pour s'y amarrer, sont des scies de diverses grandeurs, des pics propres à faire des trous dans les glaces, des hachettes et des grappins de différentes formes ou ancres à glace. Les scies sont fortes et résistantes, avec une lame large allant en diminuant jusqu'au bout et se manœuvrant avec deux poignées superposées où peuvent s'appliquer deux hommes. Ces scies ont de deux à trois mètres de longueur. Les pics et les hachettes n'ont pas besoin d'être décrites étant de la forme ordinaire, cependant plusieurs de ces pics ou pioches sont avec un tranchant carré et coupant pour pouvoir plus vivement faire un trou dans la glace. Ces outils servent à faire le lit des ancres à glace : ces ancres ou grappins sont faits en forme d'S et en fer rond de la grosseur du bras; une des branches est enfoncée dans la glace, l'autre reçoit le bout du grelin : pour se touer, les baleiniers en ont d'autres plus petites à deux branches avec un anneau au bout. Quant aux engins de pêche pour la baleine, ils ressemblent tout à fait à ceux employés aux pêches dans les mers du Sud, ainsi je n'ai pas besoin de les énumérer. Quant à la pêche du phoque, les seuls instruments dont se servent les Shetlandais sont une gaffe de trois pieds de long, très-solide, avec un long fer pointu d'un côté et de l'autre un assommoir qui sert à frapper les phoques sur la tête, et un couteau à dépecer qui est un fort couteau de boucher dans le genre de ceux employés en Islande pour décoller la morue.

Composition d'équipage.

Je vais passer à la composition d'équipages des baleiniers en

Ecossais et en Shetlandais. J'ai déjà dit dans la première partie la manière dont se faisait le recrutement de ces derniers au mois de février ; ainsi je ne reviendrai pas sur ce mode d'engagement. Dans les pièces justificatives qui sont à la fin du volume, on trouvera le chiffre général d'équipage de presque tous les navires de Peterhead, mais sans le détail des spécialités qui la composent; je vais donner un aperçu de cette composition en donnant le rôle d'équipage du *Pomona*, du *M. A. Henderson* et du *Xanthus*.

Pomona, de 119 tonneaux; 38 hommes d'équipage.

Capitaine................	1	
1er et 2e lieutenants......	2	*(mates)*.
Harponneurs.............	3	(1 *fast harp*r et 2 *loosi* d°).
Charpentier.............	1	
Tonnelier	1	
Patrons	3	*(Boat steerers)*.
Cuisinier	1	
Maître d'hôtel...........	1	*(Steward)*.
Mousses................	2	
Shetlandais.............	23	
	38	

M. A. Henderson, de 132 tonneaux; 40 hommes d'équipage

Capitaine...............	1	
1er et 2e lieutenants......	2	
Spectionner.............	1	
Harponneurs.............	3	
Fileurs de ligne..........	2	*(Line coilers)*.
Charpentier	1	
Tonnelier	1	
Cuisinier	1	
Matelots...............	3	*(Seamen)*.
Mousse................	1	
Shetlandais.............	24	
	40	

Xantus, de 217 tonneaux; 54 hommes d'équipage.

Capitaine	1	
1er et 2e lieutenants......	2	
Chirurgien.............	1	
Harponneurs............	5	
Spectionner............	1	
Fileurs de ligne..........	3	*(Line coilers)*.
Charpentier	1	

Tonnelier................... 1
Cuisinier.................. 1
Maître d'hôtel. 1
Matelot .... 1 (*Seaman*).
Marins.................... 4 (*Ordinary*).
Mousse.................... 1
Shetlandais.............. 31
                          ————
                           54

Tous les hommes portés sur les listes en dehors des Shetlandais sont presque toujours des matelots écossais pris au port d'armement, c'est à proprement dire le véritable fond de l'équipage; ces hommes essentiels ne se prennent point d'habitude dans la population maritime des Shetlands; c'est avec cette partie d'équipage que le baleinier est expédié, à la fin de février, aux Shetlands pour prendre le complément des matelots de ces îles qui se compose d'un tiers d'hommes faits, d'expérience, et de deux tiers de jeunes novices qui, à ce qu'il paraît, sont les plus agiles et les plus ardents à la chasse sur les glaces. Toute la population maritime des Shetlands, qui est nombreuse, fait la pêche au Groënland, et l'année dernière plus de quinze cents matelots shetlandais montaient la flottille de pêche; ces expéditions sont pour eux jours de fête, à cause du bien-être qu'ils trouvent à bord des baleiniers, et qu'ils ne rencontrent pas chez eux où ils ne voient jamais ni viande, ni pain blanc. En outre, quand la pêche a été heureuse, leur solde, presque doublée par les primes sur les huiles et sur les peaux, suffit à leurs besoins de l'année...... Aussi est-on certain de ne jamais manquer de ces indispensables auxiliaires.

Salaire d'équipages.—Primes pour l'huile et les peaux.

La paye des matelots écossais et shetlandais se compose de deux parties : l'une fixe et mensuelle, l'autre qui dépend du succès de la pêche, et qui est une prime sur la quantité d'huiles, de peaux et de fanons. Je donnerai les prix de l'année dernière qui seront un peu différents de ceux que j'avais indiqués dans mon précédent rapport ; mais l'élévation du fret de cette année a fait augmenter beaucoup les salaires des matelots, et il est probable même que cette cause d'augmentation dans les

---

¹ Dans mon rapport de 1832, j'avais parlé de salaires ou fixes ou à la part; c'est fixe et à la part qu'il faut lire.

gages venant à cesser, ceux-ci resteront toujours à un taux plus élevé qu'ils ne l'étaient antérieurement.

Les prix que je vais donner ne sont que des prix moyens, car aux Shetlands, en Écosse comme ailleurs, la solde dépend beaucoup de la valeur du matelot.

La solde des jeunes Shetlandais, de ceux qui sont en plus grand nombre dans le contingent, est de 16 shellings à 20 shellings par mois, et de 6 pence par tonneau d'huile rapportée au port.

Les matelots ordinaires shetlandais sont payés à raison de 20 shellings à 30 shellings par mois, et de 8 pence à 10 pence et jusqu'à 1 shelling par tonneau d'huile.

Les bons matelots (*able Seamen*) soit écossais, soit shetlandais, à raison de 30 shellings à 35 shellings et même 40 shellings par mois, et de 1 shelling à 1 shelling 3 pence par tonne d'huile.

Les matelots qui peuvent servir à bord comme *line-coiler* ont de 35 shellings à 40 shellings par mois, et 1 shelling 3 pence à 1 shelling 6 pence par tonne d'huile.

Les patrons (*boat steerers*) ont généralement de 40 shellings à 50 shellings par mois, avec 1 shelling 6 pence à 1 shelling 9 pence par tonne d'huile.

Les harponneurs qu'on trouve difficilement aux Shetlands, et que pour cette raison on prend presque toujours au port d'armement, ont une prime beaucoup plus élevée, le chiffre en étant de 5 shellings 6 pence à 7 shellings par tonneau d'huile.

Les maîtres qui sont généralement harponneurs ont comme eux des gages de 40 à 50 shellings par mois avec les mêmes primes sur les produits.

Le capitaine est payé 60 livres sterling pour son voyage avec 20 shellings par tonneau d'huile, ce qui avec la prime sur les peaux et les fanons et d'autres petits avantages peut, dans des circonstances heureuses et à bord d'un grand baleinier de 400 tonneaux, élever ses appointements pour la campagne complète à 500 livres sterling.

Il y a aussi une prime sur les peaux de phoque payée à tous les matelots composant l'équipage et qui est de 3 pence, 6 p., 9 p., et 1 shelling pour 100 peaux.

La prime sur les fanons est de 1 shelling à 2 shellings par tonneau.

Ce système de primes est essentiel pour la réussite de l'expédition, surexcite les efforts individuels par l'appât du gain et intéresse tout l'équipage au succès de l'entreprise.

Ces primes sont payées aux matelots shetlandais par l'agent de l'armateur aux Shetlands aussitôt que la quantité d'huile et de peaux a été constatée au port d'armement après la campagne finie. Les appointements fixes sont souvent, avant le départ, payés à Lerwick aux familles des matelots.

Presque tous les capitaines des baleiniers ont des intérêts dans leurs navires.

Vivres.

La quantité et l'espèce des vivres à délivrer aux matelots shetlandais sont portées sur l'acte d'engagement signé par le capitaine et l'équipage, et sont entendues d'une manière extrêmement large.

Ces vivres consistent en *biscuit*, *bœuf* ou *porc*, six fois par semaine, et *poisson salé* une fois, en *farine*, *graisse*, etc., pour le *pudding*. Les matelots se fournissent eux-mêmes de sucre, de thé et de café. Chaque navire baleinier est pourvu d'un certain nombre de barils de *rhum* qui sont mis à la disposition du capitaine pour en faire la distribution à sa discrétion. Quelques navires armés de *teetotallers* ne prennent aucuns spiritueux ; dans ce cas le thé et le café qui les remplacent sont à la charge de l'armement et délivrés par le capitaine à sa volonté. L'excès des spiritueux est très-dangereux dans les campagnes du Groënland.

Au départ d'Ecosse, les baleiniers prennent le plus possible de viande fraîche, en bœuf, qu'ils peuvent loger, cette viande se conservant parfaitement avec le froid intense de ces hautes latitudes. Il n'est pas rare de voir un baleinier revenir du Groënland après une campagne de trois mois avec un quartier de bœuf parfaitement conservé encore. C'est une ressource qu'ils ne négligent pas.

La ration du matelot écossais ou shetlandais est évaluée à 7 pence environ par jour.

Sans pouvoir préciser bien exactement quelle est la quantité de vivres donnée par jour à chaque matelot, cependant, pour le pain surtout, elle doit être plus forte de moitié que la ration ordinaire. Le corps a besoin dans ces latitudes élevées et avec ces températures rigoureuses d'une sustentation énergique, et c'est la nourriture abondante qui donne à toute la constitution la vitalité nécessaire pour supporter le froid, bien plus que les boissons spiritueuses qui ne donnent qu'une énergie factice et dont la réaction est dangereuse. A ces causes, il faut joindre célle des jours qui, à partir de l'équinoxe du printemps, croissent rapidement, et qui, en avril et au commencement de mai, sont déjà sans aucune obscurité. Cette circonstance permet de travailler presque continuellement; il faut donc être en mesure de faire des distributions de vivres extraordinaires.

Prix des vivres.

Voici un aperçu du prix des vivres pour les campagnes du Groënland, et ces chiffres sont ceux du *Milinka* de *Fraserburgh*, navire de 297 tonneaux et armé de 54 hommes. Ses frais de vivres et de provisions (*provisions and stores*) pour huit ou dix mois étaient évalués à 700 livres sterling environ.

Approvisionnement en vivres.

La quantité de vivres dont les navires sont pourvus dépend nécessairement de la longueur supposée de la campagne et surtout du but que se propose le baleinier. Si le navire est expédié à la pêche du phoque seulement et qu'il n'ait à bord aucun moyen de harponner la baleine, quatre mois de provisions sont suffisants : s'il s'occupe de la pêche de la baleine en même temps, il prend huit mois de vivres ; enfin, s'il est armé pour le détroit de *Davis*, il doit avoir pour quinze mois de vivres en prévision d'accidents imprévus qui pourraient le retenir dans les glaces.

Navigation des baleiniers entre deux saisons de pêche.

Les navires disposés pour la pêche au Groënland ne sont point pour cela impropres à toute autre espèce de navigation : les armateurs d'Ecosse les utilisent de diverses manières pendant la belle saison, et leur font faire le cabotage de la côte d'Angleterre. J'en ai vu deux l'année dernière, dans le mois de juin, à Reikiawick, capitale de l'Islande ; ils venaient chercher un chargement de ces excellents *poneys* de ces îles, pour les porter en Ecosse où ils devaient être employés dans les travaux des mines de houille : leur vaste entrepont pouvait prendre facilement soixante chevaux. Quelques navires vont aussi faire dans les parages des îles *Féroé* la recherche d'une espèce de souffleurs très-abondants sous ces îles et qui donnent un excellent rendement en huile dans les mois de juillet et d'août.

Cartes des mers polaires.

Il n'y a point de bonnes cartes des endroits où les baleiniers vont à la recherche des phoques ; c'est, comme je l'ai déjà dit, entre les 70° et les 75° de latitude qu'ils font leurs explorations. Ce manque de cartes n'a, du reste, rien en soi de bien regrettable, puisque les lieux précis de pêche sont indéterminés, et que tout y est de pure chance. L'essentiel, c'est d'avoir une bonne position des îles de *Jean Mayen*, des îles *Féroé*, et une bonne carte des îles *Shetlands*, et tous ces documents existent. C'est le moment de parler des îles *Shetlands* et de *Lerwick*, capitale de ce comté, excellent port de relâche et rendez-vous général de tous les matelots shetlandais qui se destinent aux navigations polaires.

Notice sur les îles Shetlands et l'atterrage de Lerwick.

Les Shetlands s'étendent au Nord du groupe des îles *Orcades*, du 57e au 61e degré de latitude. Elles se composent d'un nombre considérable de petites îles ou ilots dont une trentaine seulement sont habités. Le *Mainland*, île principale, fait la pointe Sud du groupe, au cap de *Sumburg-Head* où est élevé un magnifique phare; et *Lerwick*, capitale des îles et le meilleur port des *Shetlands,* où sont cependant en quantité les mouillages les plus sûrs du monde, est bâtie dans un havre tranquille comme un lac, entre le *Mainland* et l'île de *Bressa*. *Lerwick* est une petite ville de peu de ressources en tous temps, mais surtout à l'époque de l'arrivée des baleiniers, à la fin de février ; la nature y est encore engourdie sous les froids de l'hiver, quoique cependant il y soit moins rigoureux qu'on ne serait tenté de le supposer, à cause des influences du grand courant équatorial dont les eaux attiédies viennent modifier la température des côtes : les baleiniers arrivent en conséquence à *Lerwick* entièrement pourvus de tout ce qui leur est nécessaire pour prendre le contingent shetlandais ; quant aux vêtements propres aux rudes campagnes du Nord, ils trouvent à *Lerwick* en lainages, à très-bon marché et de qualité excellente, tout ce qu'il y a de plus chaud et de plus solidement confectionné. Les travaux de la laine sont la seule industrie de ces pauvres pays, et il est impossible de trouver des tissus plus chauds et plus doux.

L'atterrage de *Lerwick* est facile, les terres qui l'environnent étant saines et très-élevées.

En venant de l'Est, et se dirigeant sur l'île de *Bressa*, les premières terres qu'on aperçoit sont d'abord le pic de *Noss*, puis la haute falaise de *Bressa*. L'île de *Noss* en venant de l'Est

est en pain de sucre, descendant assez rapidement vers le Nord, tandis que vers le Sud la pente est adoucie et prolongée à mesure qu'on approche de terre. De beau temps, à douze lieues, de la mâture on voit les deux pics de *Noss* et de *Bressa* se détacher comme deux îles. L'aspect de *Noss*, en venant du Sud, est un peu différent ; la partie à l'Est du pain de sucre est coupée brusquement à pic tandis que celle de l'Ouest tombe en pente douce.

En approchant toujours, en venant de l'Est, l'extrémité S. E. de *Bressa* apparaît droite, comme une haute falaise noire, avec un plateau égal qui va rejoindre la pointe S. O., qui est aussi à pic, mais plus élevée que la première ; cette muraille noire de la pointe S. O. a, à sa base, une arche naturelle qui se voit distinctement du large comme une tache blanche.

Toute cette côte Sud de *Bressa*, avec des vents d'E. et de N. E. doit être rangée à un jet de pierre, pour gagner le goulet du mouillage de *Lerwick* ; toute cette côte est d'ailleurs fort saine, et les courants de marée parfaitement indiqués sur la carte ; il y a de l'eau à toucher partout. C'est habituellement sous ces hautes terres que les pilotes viennent à bord ; le mouillage est très-près de la ville par 9 et 12 brasses d'excellent fond de vase dure, quand on a couvert les terres de *Bressa* par la langue de terre qui s'étend à l'Est de la ville. On y est au mouillage comme dans un bassin et les bâtiments n'y chassent jamais.

Le port de *Lerwick* dont les négociants ont cependant des intérêts sur les navires envoyés au Groënland n'arme point pour ces pêches.

Considération sur les capitaux engagés dans l'industrie de la pêche du phoque.
Résumé.

La plupart des armements pour le *Groënland* sont faits par des Compagnies par actions, et les 40 p. % de bénéfice dont j'ai déjà parlé, comme minimum, dans la première partie de ce traité, sont des dividendes qui ont été réellement distribués aux actionnaires.

Le petit bord de *Fraserburgh* a armé pour la première fois, en 1851, pour la pêche du phoque, et voici quelques renseignements sur la Compagnie qui a fait ces premiers armements. Dans cette Société (*Joint Stock Company*), l'action est de 20 liv. sterl., les opérations ont commencé aussitôt que les souscriptions ont atteint le chiffre de 10,000 liv. sterl. Deux navires ont été aussitôt armés, le *Milinka* qui a coûté 6,365 liv. sterl., tout prêt pour la pêche de la baleine et du phoque, et en outre 700 liv. sterl. pour ses huit mois de vivres, et un autre bâtiment de 175 tonneaux, armé pour la pêche du phoque seulement, et qui, à cause de cette circonstance, n'a coûté que 3,000 liv. sterl., sans les vivres. Ce dernier navire, qui n'était pas prêt en février, ne put partir; mais le *Milinka* eut une pêche heureuse, et un des actionnaires m'écrivit l'année dernière que le bénéfice sur l'opération concernant ce navire était de 40 p. %.

Une entreprise particulière a armé le *M. A. Henderson*, de 132 tonneaux, et ce navire armé pour la pêche du phoque seulement, a coûté, tous frais payés, 2,500 liv. sterl.

Une société sur de plus larges bases, et qui doit joindre à la pêche du phoque et de la baleine celle de la morue, au détroit de *Davis*, s'est fondée l'année dernière à *Aberdeen*, sous le nom d'*Arctic fishery and exploring Company*. Le capital est de 500,000 liv. sterl. Cette Société doit commencer avec deux navire à hélice, et augmenter plus tard ses armements. Dans les derniers voyages à la recherche de sir John Franklin, les bâtiments à hélice ont été d'un grand secours, et nul doute que leur application à la pêche du phoque ne soit une cause certaine de succès.

Résumé.

Quand on considère l'état florissant de nos pêches à Terre-Neuve et en Islande, l'aisance que cette industrie jette dans nos populations maritimes de la Manche, l'occupation que donnent ces expéditions aux nombreuses industries qui vivent de la mer, une nouvelle branche de commerce se rattachant à ces navigations du Nord qui vont puiser au fond commun de ces mers de nouvelles richesses, et offrant de plus grands bénéfices, doit être accueillie par nos armateurs avec intérêt. Au point de vue de l'extension de notre population maritime, les expéditions au Groënland présenteront de grands avantages que n'offrent même pas les pêches d'Islande, puisque les baleiniers prendront des équipages doubles de ceux-ci, qui plus tard pourront être entièrement composés de Français ; ces armements qui comporteront une certaine quantité de jeunes novices seront précieux pour notre inscription maritime, en ce qu'ils formeront rapidement, dans des mers difficiles, d'excellents matelots.

L'intérêt public se rencontre donc ici avec l'intérêt particulier pour doter la France d'une pêche dont le succès donnerait à nos ports du Nord un nouvel élément d'activité.

Ces pêches ne seront d'ailleurs pas nouvelles pour nos matelots; à toutes les époques, les marins français ont prouvé qu'ils étaient les dignes descendants des *Basques* qui, au xve siècle, et jusqu'en 1636, époque à laquelle les Espagnols s'emparèrent de Saint-Jean-de-Luz, armaient tous les ans 50 à 60 baleiniers à bord desquels des milliers de matelots allaient affronter les glaces du Nord; les Anglais et les Hollandais, au xviie siècle, armaient leurs baleiniers avec des Basques.

Louis XVI, qui avait relevé notre marine si déplorablement amoindrie sous le ministère du cardinal Fleury, s'intéressait à ces pêches du Nord, et, en 1784, 6 navires partaient de Dunkerque pour les côtes du Groënland, et cette expédition réussissait complétement.

Depuis cette époque, Dieppe, et d'autres ports, ont fait plusieurs armements pour le Nord, et, au mois d'avril 1835, le baleinier le *Tourville* sortait de Dunkerque pour aller au détroit de Davis. Si cet armement, fait avec beaucoup de soin et d'intelligence par MM. Pol et G. Malo n'a pas été heureux, les circonstances de temps en furent seules la cause, la navigation au détroit de Davis ayant été, pendant deux ans, rendue presque impossible par la présence non interrompue des glaces solides [1].

Pour une première entreprise, il sera de toute prudence de faire surveiller les armements de l'expédition par un capitaine écossais expérimenté de *Peterhead*, et un charpentier du même port; c'est ce qui avait été fait pour l'armement du *Tourville*. Il est à remarquer que le *Tourville*, de la jauge de 365 tonneaux, a coûté 168,747 fr. 66 c., avec les vivres à bord et les avances payées, tandis que le *Milinka* de *Fraserburgh*, dont j'ai donné l'armement, a coûté, sans ses vivres, 160,000 fr. Nos gages seront moins élevés que ceux des marins écossais, et si on laissait entrer en franchise les tôles de l'armement et des

---

[1] L'armement du *Tourville*, qu'on trouvera dans les pièces justificatives, pourra servir comme terme de comparaison pour les prix en France et en Écosse : il est aussi intéressant de savoir qu'à Dunkerque, il sera facile, sans secours étrangers, de disposer un navire pour les mers polaires, car le *Tourville* a fait trois campagnes sans avaries, et a été vendu 40,000 francs, le prix d'achat étant de 50,000 francs.

caisses, nos navires ne seraient pas plus chers que ceux d'Ecosse. Les pirogues que j'ai portées à 20 liv. sterl. ne revenaient à Dunkerque qu'a 425 fr., chiffre porté dans le détail d'armement du *Tourville*.

Le port le mieux placé pour la réussite à la pêche du phoque, celui qui par ses habitudes aurait le plus de chances de succès, est sans contredit le port de Dunkerque. Les armements pour l'Islande pourraient parfaitement se joindre à ceux du Groënland ; on trouverait à Dunkerque le barillage qui pourrait être le même que celui de la morue, et enfin un navire armé pour le phoque, et de retour à la fin du mois de mai, pourrait immédiatement partir pour l'Islande, pour y faire une seconde pêche.

Les ports de Dieppe et du Havre doivent aussi réussir dans ces expéditions qui ont des points communs avec les pêches de Terre-Neuve et la navigation des baleiniers.

Je ne veux point traiter à fond la question des primes, elle m'entraînerait trop loin de mon sujet, et les développements que je serais obligé de lui donner me conduiraient à passer en revue toutes nos pêches ; cependant je puis donner mon opinion à cet égard.

La pêche aux phoques, en présence des encouragements qui sont donnés aux pêches de Terre-Neuve et d'Islande, a droit, comme celles-ci, à la bienveillance du gouvernement. Former d'excellents matelots avec une prime de 50 fr. par homme, est, certés, une très-bonne affaire au point de vue du recrutement de la flotte, et c'est ce qui a lieu pour les pêches d'Islande. La prime d'armement du *Tourville* était de 40 fr. par tonneau, à la condition que ce navire naviguerait au delà du 70e degré de latitude, et la pêche aux phoques se fait par des latitudes plus élevées encore. Ces encouragements étaient encore bien au-dessous de ceux accordés à la pêche au Nord dans les anciennes lois.

Je crois donc que, dans l'intérêt de notre inscription maritime et de notre mouvement commercial, la pêche du phoque doit être secourue et primée.

DEVIS DE L'ARMEMENT D'UN NAVIRE DE 200 TONNEAUX.

Coût d'un navire de 200 tonneaux, de seconde main............ 50,000 fr.
Installations particulières, scies à glace, pioches, pelles, pics,
    supplément d'haussières, de grelins, etc., etc................ 3,000
Renforts extérieurs, intérieurs ; doublages en bois, en tôle, etc.. 15,000
Caisses en fer.. 20,000

       Prix du navire.................................. 88,000 fr.

ARMEMENT.

Barils cerclés en fer pour complément...................... 2,000 fr.
Quatre baleinières à 450 francs........................... 1,800
Lignes, harpons, grappins à glace, massues pour les phoques, cou-
    teaux, fusils, munitions, etc., etc......................... 2,000
Sel pour saler 7,000 peaux de phoque à 2 kil. par peau, 14,000 kil.
    à 4 fr. les 100 kil...................................... 560

       Cout de l'armement .... 6,360 fr.

VIVRES.

Vivres pour 4 mois à 52 hommes, estimés en moyenne à 1 fr. par
    jour et par homme, soit................................. 6,240

       Valeur du navire armé......................... 100,600 fr.

Assurance de cette somme, soit 100,000 fr. à 3 $\frac{1}{2}$ p. %........ 3,500
Frais généraux.— Journées de matelots, frais de sortie, pilotages,
    frais de relâche à Lerwick,... déchargement, désarmement au
    retour.. 2,000

       Total général de l'armement.................. 18,100 fr.

DÉSARMEMENT.

Salaires d'équipage .... 24,220 fr.

PRODUIT.

Moyenne des trois navires cités dans cet ouvrage, prise comme base
de produit :

87 tonneaux d'huile à 55 liv. sterl., soit 825 fr. 71,775
7,000 peaux à 4 shel., soit 5 fr. à peu près.................. 35,000

       Produit..................................... 106,775
Prime.—Pour mémoire...................................... »

FRAIS A DÉDUIRE.

	fr.	c.
Droits de douanes sur les graisses, à 15 cent. par 100 kilog. et décime...	143	55
Droits de douanes sur les peaux, à 0.01 l'une et décime........	77	
Fonte des graisses..	500	
Complément de futailles cerclées en fer pour l'huile............	1,500	
Transport en magasin, tonneliers, loyer d'un local pour fondre, magasinage, pesage, etc., etc.............................	700	
Escompte et courtage de vente................................	1,516	
	4,436	55
PRODUIT NET....................................	103,538	45

RÉSUMÉ.

Armement..............................	6,360 fr.
Vivres pour 4 mois.....................	6,240
Assurance	3,500
Frais généraux d'armement.............	2,000
	18,100
Désarmement, salaires..................	24,220
Déperdition du navire, 15 p. %, sur 88,000 fr., prix du navire..........	13,200
	55,520 fr.
Produit net de la pêche.................	102,338 fr. 45 c.
Prix de l'armement et du désarmement..	55,520
BÉNÉFICE net de l'opération............	46,818 fr. 45 c.

NOTES ET PIÈCES JUSTIFICATIVES.

Produce of the Greenland and Davis'straits Seal and Whale Fisheries.—1851.
Those marked are at the Davis'straits Whale Fishery.*

SHIP'S NAMES.		TONNG.	NUMBER of WHALES	OIL.	WHALE BONES.		NUMBER of SEALS.
PETERHEAD—15.							
Columbia	Birnie	309	4	47	1	12	1,489
Commerce	Sellar	276	3	75	1	13	4,348
Dublin	Mackie	328	»	84	0	0	7,158
Eclipse	Gray	283	»	123	0	0	9,934
Enterprise	Cardna	349	»	101	0	0	9,585
Fairy	Robertson	247	»	29	0	0	2,932
Hamilton Ross	Johnston	289	»	23	0	0	1,821
Joseph Green*	Stewart	383	1	12	0	19	»
Mazinthien	Burnett	408	»	214	0	0	15,374
North of Scotland	D. Gray	279	5	86	3	2	1,994
Pomona	Robertson	119	»	59	0	0	5,639
Resolution	Walker	293	»	15	0	0	1,213
Traveller	Hutchison	400	2	121	0	6	10,153
Union	Walker	224	»	99	0	0	8,248
Victor	Hartin	396	2	66	1	6	2,493
Enterprise [1]	Cardno	349	1	8	1	0	»
Union [2]	Walker	224	»	»	0	0	clean.
			18	1,160	9	18	82,584
DUNDEE—4.							
Advice*	Reed	324	3	40	2	15	»
Alexander*	Sturroch, jun	324	4	40	3	0	»
Horn*	Sturroch, sen	370	10	116	8	0	»
Princess Charlotte*	Denchars	389	8	109	6	15	»
			25	305	20	10	»
ABERDEEN—2.							
Pacific*	Paterson	386	8	100	6	16	»
Saint-Andrew*	Kerr	310	clean.	»	0	0	»
			8	100	6	16	»

[1] Second voyage to Davis'straits.
Second voyage to Greenland.

SHIP'S NAMES.		TONNG.	NUMBER of WHALES	OIL.	WHALE BONES.		NUMBER of SEALS.
HULL — 14.							
Lord Gambier*	Couldray	406	8	128	8	10	»
Truelove*	Parker	296	5	69	4	10	»
Anne*	Wells	250	5	78	4	3	»
Abram*	Gravill	319	7	94	6	8	8
Flamingo	Lee	185	»	21	0	0	2,045
Germanica	Graham	202	»	68	0	0	6,220
Hebe	Cawcutt	160	1	18	0	19	385
Rose	Bushby	301	»	36	0	0	3,460
Rufus	Pinkney	140	»	10	0	0	965
Saint-George	Nicholson	137	2	37	1	10	689
Sivan	Couldray	95	»	6	0	0	697
Sarah and Elisabeth	Fell	314	»	2	0	0	184
			28	567	26	0	14,682
KIRKALDY—2.							
Chieftain*	Archibald	333	5	76	5	5	»
Regalia*	Denchars	371	4	35	2	18	»
			9	111	8	3	»
BO'NESS — 1.							
Jane*	Walker	387	8	110	7	10	»

Totals—1851.

PLACE.	NUMBER of SHIPS.	WHALES.	NUMBER of SEALS.	OIL.	WHALE BONE	
				tons.	ton.	cw
Peterhead	15	18	82,584	1,160	9	4
Hull	12	28	14,682	567	26	
Bo'ness	1	8	»	110	7	1
Kirkaldy	2	9	»	111	8	
Dundee	4	25	»	303	20	4
Aberdeen	2	8	»	100	6	4
	36	96	97,266	2,353	78	4

Totals—1850.

PLACE.	NUMBER of SHIPS.	WHALES.	NUMBER of SEALS.	OIL.	WHALE BONES.	
				tons.	ton.	cwt.
Peterhead....................	11	39	63,426	1,174	16	4
Aberdeen	2	6	»	68	4	7
Dundee.....................	4	21	»	285	18	2
Kirkaldy....................	2	4	»	10	2	8
Bo'ness.....................	1	1	»	11	0	19
Hull........................	12	17	10,632	294	9	12
	32	88	74,058	1,872	51	9

Totals—1849.

PLACE.	NUMBER of SHIPS.	WHALES.	NUMBER of SEALS.	OIL.	WHALE BONES.	
				tous.	ton.	cwt.
Peterhead....................	12	33	38,883	780	15	13
Aberdeen....................	4	32	1,840	228	10	4
Dundee.....................	5	85	1,690	731	46	10
Kirkaldy....................	2	31	»	249	11	0
Bo'ness.....................	1	9	»	140	8	3
Hull........................	14	28	8,109	416	20	9
	38	218	49,872	2,544	114	19

Vessels engaged in the Greenland and Davis' straits Whale and seal Fisheries.—1852.

SEALERS ONLY.	NUMBER of MEN.	TANKS.	SHIP'S NAMES.		TONS.
			Peterhead—22.		
»	56	»	Agostina..............	Sellar	333
»	54	T	Columbia	Birnie..............	309
S	54	»	Commerce	Henry......	276
»	54	»	Dublin.................	Mackie..............	328
»	60	»	Eclipse...............	Gray, sen..........	283
»	57	»	Enterprise............	Cardno..............	349
S	54	»	Fairy........	Robertson..........	247
S	40	T	Gem....................	Seller..............	121
»	54	»	Hamilton Ross........	Wallace............	289
				A reporter...	2,535

SEALERS ONLY.	NUMBER of MEN.	TANKS.	SHIP'S NAMES.		TONS.
				Report...	2,535
»	69	»	*Intrepid*	Martin, sen...	434
lost.	»	»	*Joseph Green*	Stewart	533
»	65	»	*Mazinthien*	Burnett	408
S	40	T	*Mary and Henderson*	Ewan	132
»	54	»	*North of Scotland*	D. Gray	279
»	38	T	*Pomona*	Robertson	119
»	68	T	*Queen*	Gray, jun.	379
»	54	»	*Resolution*	Walker	293
lost.	»	»	*Spitzpergen*	Cowan	312
»	54	»	*Traveller*	Hutchison	400
»	54	»	*Union*	Walker	224
»	65	»	*Victor*	Martin, jun.	396
S	54	T	*Xanthus*	Reid	217
				★	6,481
			Dundee—4.		
			*Advice**	Robb	324
			*Alexander**	Sturroch, jun.	324
			*Horn**	Sturroch, sen.	370
			*Princess Charlotte**	Denchars	559
					1,577
			Aberdeen—2.		
			*Pacific**	Paterson	386
			*Saint-Andrews**	Kerr	343
					729
			Kirkaldy—2.		
			*Chieftain**	Archibald	333
			*Regalia**	Denchars	371
					704
			Bo'ness—1.		
			*Jane**	Walker	357
			Fraserburgh—1.		
			Milinka	Stephen	297
			Bauff—1.		
			Félix	Hay	90
				A reporter...	744

* TOTAL pour Peterhead en 1852,—77,572 phoques pour 20 navires.

SHIP'S NAMES.		TONS.
Hull—14.	Report..	744
Abram............	Greavill...........	319
Anne *...........	Wells............	250
Flamingo.........	Lee	185
Germanica........	Birch............	202
Hebe	Cawcutt	160
Lord Gambier*.....	Couldray, sen	406
Orion*...........	Wells............	220
Rose	Bushby...........	301
Rufus............	Pinkney..........	140
Saint-George......	Nicholson.........	187
Swan............	Couldray jun.......	95
Sarah and Elisabeth...	Willis............	314
Truelove*.........	Parker...........	296
Venerable.........	Martin	329
		3,374

Your most obedient servants,

T. AND C. LAWRANCE,

Whale and seal Oil merchants Peterhead.

Davi's straits and Greenland Fisheries—1835.

SHIP'S NAMES.		TONS.	SHIP'S NAMES.		TONS.
Hull—13.			Venerable..........	Martin	329
Abram...........	Gravill........	319	Violet	Jackson	190
Anne............	Wells.........	250			
Flamingo.........	Lee...........	185	**Aberdeen—3.**		
Germanica........	Birch.........	202	Pacific*..........	Paterson	386
Hebe............	Cawcutt	160	Saint-Andrew*.....	Kerr	343
Orion...........	Wells.........	220	Superior..........	Sellar	»
Rose............	Couldren, sen ..	301			
Saint-George......	Nicholson......	187	**Fraserburgh—3.**		
Swan............	Gales..........	95	Milinka...........	Stephen	297
Sarah and Elisabeth	Willis..........	314	Sovereign..........	Burnett........	150
Truelove*.........	Parker.........	296	Vulcan............	Alexander	117

SHIP'S NAMES.		TONS.	SHIP'S NAMES.		TONS.
Kirkaldy—2.			Eliza.............	Abernethy......	168
			Enterprise.........	Middleton.......	349
Chieftain*.........	Archibald	333	Fairy.............	Robertson......	264
Lord Gambier*.....	Denchars.......	406	Gem.............	Sellar..........	120
			Hamilton Ross.....	Wallace........	389
Banff—2.			Intrepid	Martin, sen	434
Alexander Harvey..	Hay...........	292	Kate.............	Scott..........	266
Felix.............	Fraser	91	Mazinthien	Cowan..........	408
			Mary and Henderson	Ewan..........	132
Bo'ness—1.			North of Scotland..	Sharp..........	279
Jane*.............	Walker........	337	Perseverance......	Stewart.........	184
			Pomona	Robertson......	119
Nairn—1.			Queen	Robertson	379
Lady Campbell.....	Comeron	98	Resolution.........	J. Gray, jun....	293
			Ranger	Cardno.........	136
Peterhead—27.			Traveller..........	Hutchison	402
Active.............	Gray, D........	380	Union	Walker.........	225
Agostina..........	Seller, G.......	333	Victor............	Martin, jun.....	396
Albert.............	Watson.........	130	Xanthus	Reed	217
Brilliant..........	Joss, W........	249			
Columbia	Birnie, R.......	308	**Dundee—4.**		
Commerce	Henry.........	276	Advice*...........	Robb..........	324
Dublin...........	Mackie........	328	Alexander*....	Sturroch, jun...	324
Eclipse	Gray, sen	283	Heroïne*..........	Sturroch, sen...	387
			Princess Charlotte..	Denchars.......	359

John Bilton, ship and commission Agent,

HULL.

Report Greenland seal Fishing Milinka arrived this day at Scalloway
bore up 29 april 1853.

Abram of Hull	4,000
Hebe —	4,000
Active of Peterhead.....................	4,000
Agostina —	5,500
Brilliant —	60
Columbia —	6,000
Dublin —	5,800
Eclipse —	Clean.
Enterprise —	1,500
Fairy —	3,000
Gem —	600
Hamilton-Ross —	800
Kate —	4,000
North of Scotland —	5,700
Queen —	5,000
Traveller —	5,000
Union —	15
Victor —	7,000
Resolution —	6,000
Alexe Harvey —	1,500
Milinka of Frazerburgh....................	7,827 arrivd 7 just.
Vulcan —	1,800
Sovereign —	3,000 said bore up.

Lerwich, 7th may 1853.

Milinka, capt. Stephen from Greenland arrived the 11 may with
11,000 seals, 144 tons english full.

Reports.

Abram of Hull........ 4,000   seal skins.
Germanica............, 8,000 full   —
Venerable-Hull........ 8,000 —   —
Agostina, Sellar....... 12,000 full 140 tuns.
Commerce, Henri....... 5,000   —
Hamilton-Ross, cap. Wallace....... 100 tuns.
Joseph Green, cap. Stuart was lost 23 march, the master and 2 men
   dead.
Mary Ann Henderson, capt. Ewan, 60 english tuns full.
Pomona, capt. Robertson, a full ship.
Xanthus, 100 tuns full ship.

A number of German ships have gone home also a Norwegian vessel, all
quite full. The others ships were not seen.

A. SUTHERLAND.

Lerwick.

SHIPS. YEAR 1853.	SEA HORSE SKINS.	WHALEFINS.				WHALE YAW BONES.				NARWAL UNICORN HORSES.	BEAR SKINS.	OIL of SEALS AND WHALES.			SEAL SKINS.
		tonn.	cwt.	quart.	lib.	tonn.	cwt.	quart.	lib.			tonn.	cwt.	gall.	
Hamilton Ross	»	»	»	»	»	»	»	»	»	»	»	126	1	»	8,690
Agostina	»	»	»	»	»	»	»	»	»	»	»	162	2	22	9,630
Xanthus (sealer)	»	»	»	»	»	»	»	»	»	»	»	93	1	37	7,750
Mary and Henderson (do).	»	»	»	»	»	»	»	»	»	»	»	88	3	45	6,504
Commerce	»	»	»	»	»	»	»	»	»	»	»	73	2	14	6,096
Pomona (sealer)	»	»	»	»	»	»	»	»	»	»	2	66	3	29	5,410
Gem (sealer)	»	»	»	»	»	»	»	»	1	»	»	7	2	»	699
Fairy (sealer)	»	»	»	»	»	»	»	»	»	»	»	15	1	32	460
Dublin	»	»	18	3	14	»	13	»	»	»	4	43	3	12	560
Resolution	»	1	7	3	»	»	6	»	»	»	7	98	1	46	5,000
Intrepid	»	1	15	1	20	1	3	2	»	4	5	109	0	19	4,403
Victor	»	»	»	»	»	»	»	»	»	1	5	58	0	46	2,777
Columbia	»	2	»	»	»	»	15	»	»	»	2	126	2	26	8,260
Mazinthian	»	»	16	»	»	»	14	»	»	»	7	73	3	16	1,260
Enterprise	»	»	»	»	»	»	»	»	»	»	1	47	2	9	1,930
Traveller	»	3	6	»	»	2	16	»	»	»	8	109	2	36	1,050
Union	»	»	15	»	»	»	6	»	»	2	2	24	1	27	460
North of Scotland	1	2	6	»	»	1	»	»	»	4	»	79	1	54	1,960
Queen	3	1	10	»	»	1	»	»	»	2	12	63	2	3	2,186
Eclipse	»	1	4	»	»	1	»	»	»	»	8	91	2	30	2,886

Armement d'un navire de 220 tonneaux pour la pêche du phoque seule.

GAGES DE 3 MOIS 1/2 (EN MOYENNE) POUR L'ÉQUIPAGE FRANÇAIS ET DE 2 MOIS 1/2 (EN MOYENNE) POUR L'ÉQUIPAGE ÉTRANGER.			APPOINTEMENTS FIXES.	PRIMES (sur une moyenne de 50 tonneaux d'huile et 4,500 peaux).			
				PAR TONNEAU D'HUILE.		PAR 100 PEAUX.	
				fr. c.	fr. c.	fr. c.	fr. c.
1 second écossais	à 200 fr. »	pour 2 mois 1/2.	500 fr. »	à 20 »	1,000 »	à 5 »	225 »
3 patrons d'embarcation	60 »	id.	450 »	2 »	500 »	1 25	160 »
1 spectionner	65 »	id.	163 »	2 50	125 »	1 50	67 »
50 Shetlandais	25 »	id.	1,890 «	» 75	1,125 »	» 50	675 »
1 capitaine français	200 »	pour 3 mois 1/2.	700 •	20 »	1,000 »	5 »	225 »
1 maître et lieutenant	120 »	id.	420 »	5 »	250 »	2 »	90 »
1 cuisinier	80 »	id.	280 »	1 »	50 »	1 »	45 »
1 tonnelier	60 »	id.	210 »	2 »	100 »	1 »	45 »
1 charpentier	60 »	id.	210 »	2 »	100 »	1 »	45 »
3 matelots	50 »	id	175 »	1 »	150 »	» 75	102 »
3 novices	40 »	id.	140 »	» 75	115 »	1 50	68 »
1 mousse	30 »	id.	105 »	» 25	45 »	» 25	14 »
		TOTAL...	5,243 »		4,550 »		1,771 »

TOTAL GÉNÉRAL......... 11,314 »

Compte d'armement, avitaillement, mise hors du navire français trois-mâts le Tourville, de la jauge de 356 tonneaux, allant à la pêche de la baleine dans les mers du Nord, sous la direction du capitaine écossais Reid, et la conduite du capitaine français Brissemael, sorti du port de Dunkerque le 27 avril 1833, et parti de la rade le 28 du même mois, à une heure après midi.

	fr. c.	fr. c.
Achat du navire suivant acte	50,000 »	
Commission payée à MM. Sergent et Cⁱᵉ	500 »	
		50,500 »

FRAIS AU HAVRE.

Assurance sur 60,000 fr., police et courtage	662 »	
Frais de voyage, séjour, procuration, douane, journées, avances à l'équipage, nourriture, solde des gages au retour, sortie du Havre, entrée à Dunkerque	3,414 60	
		4,076 60

CONSTRUCTION.

Journées de charpentiers, calfats et perceurs	3,617 03	
— de menuisiers	381 13	
Construction suivant compte pour bois, mâtures, clous, étoupes, bois ronds, installations baleinières, etc. . . .	7,828 68	
Pirogues du Nord et installations	4,471 50	
Fondeur suivant compte	267 50	
Verres prismatiques	42 »	
Papier doublage et paille	46 20	
Séjour au gril	82 20	
Grattage et installations de la cuisine	58 85	
		16,774 74

ARMEMENT.

G. Malo père, sa facture à 1 ancre, 1 grelin et 1 cabestan	586 »	
Soutenaye, sa facture à 5 douzaines hameçons et 12 plombs.	29 95	
Duriau, pharmacien, pour le coffre de médicaments	414 »	
Desmaretz, serrurier, suivant compte	90 »	
Sauvage et Soubry, pour cordages et lignes de pêche . .	2,004 »	
Christiaens frères, pour une chaîne-câble, pesant 5,148ᵏ avec droits	5,118 68	
Vanlerberghe, pour 25 lances	100 »	
Chicheri, pour façon et fournitures de drapeaux	93 50	
Beylart, pour livraison d'une glace	15 »	
Dépéron, pour livraison et réparations d'armes à feu . .	184 95	
Vanryck, pour livraison et façons de manches de harpons et de lances	165 »	
Delacre-Snaude, pour livraison de goudron, brai, basanes	640 70	
Pⁱᵉ Lefebvre, pour livraison de 5 bouts de chaînes, cabestan, etc.	272 25	
A reporter	7,704 03	71,351 34

	fr. c.	fr. c.
Report........	7,704 03	71,351 34

lacys-Leroy, pour livraison de 160 hect. de charbon pris en entrepôt.............................. — 352 »

Desmuyck, pour livraison de couteaux de pêche et hachés. — 310 »

Baraffe, pour livraison d'une longue-vue et un tapis de table.................................. — 66 50

Lecerf, pour livraison de 13 paniers à vin........... — 21 10

Snaude, quincaillier, pour livraison suivant compte.... — 47 15

Babergne fils, pour livraison de couteaux de pêche, grattoirs et jables........................... — 39 50

Ponchez, quincaillier, pour livraison suivant compte... — 97 68

Mionet, pour livraison d'une cheminée, poële, gril, tisonnier.................................. — 240 50

Vancosten, pour livraison de bitord et merlin........ — 30 88

Cadart, quincaillier, pour livraison suivant compte..... — 40 20

Liem, pour livraison de bouchons................... — 7 50

Rappelet, graissier, pour livraison suivant compte..... — 348 64

Morel, pour livraison de poulies................... — 17 »

François, ferblantier, pour livraison suivant compte... — 88 23

Lefebvre-Snaude, pour livraison de poudre, plomb, cadenas, etc.................................. — 166 85

Minart, ferblantier, pour livraison suivant compte..... — 21 25

Cousin, pour livraison d'un coffre à harpons.......... — 24 »

Levasseur, pour livraison de 50 nattes.............. — 20 »

Vanderest, pour livraison d'un quart savon vert....... — 21 25

Douane, pour fourniture de plombs................. — 2 50

Deriemaker, pour livraison de vêtements pour provision pour l'équipage............................ — 1,572 »

Benoît, pour gardiennage et journées .... — 120 »

— pour ustensiles de pêche reçus de Dieppe....... — 63 »

— pour 21 sacs sciure de bois.................. — 21 »

Delamarre, chirurgien, pour ses frais de route de Cherbourg à Dunkerque......................... — 197 50

Tribunal, pour la visite du navire .... — 30 70

Dickson, pour frais de voyage et séjours en Ecosse, à la recherche d'un capitaine baleinier et de quatre harponneurs, et retour avec le capitaine en France........ — 1,107 42

Dickson, pour le passage des 4 harponneurs écossais.. — 210 35

Sueur, capitaine, pour voyage au Havre, conduite du navire à Dunkerque et demi-gage au jour de son débarquement .... — 350 »

— Pour achat en Angleterre de 212 futailles de grandes dimensions, feuillards et ustensiles de pêche. — 10,507 79

— Pour passage de 4 tonneliers de Hull en France, pour la remonte des futailles, remontage des futailles, droits de douane à l'entrée et assurance.................................. — 1,987 25

Turpin, aubergiste, pour nourriture, logement, blanchissage de 5 harponneurs........................ — 429 20

Duffus et Cie, pour harpons du Nord, chaînes pour écou-

	fr. c.	fr. c.
A reporter......	26,072 97	71,351 34

	fr. c.	fr. c.
Report........	26,072 97	71,351 34
tes, itagues, couteaux de pêche, etc..............	1,779 75	
Debaker, pour fret aux futailles, ustensiles de pêche, pirogues, harpons, etc...................	816 05	
— Pour transport du charbon du quai au navire.	16 »	
Lemaire, pour livraison de peinture, et journées pour peindre le navire et les pirogues, et provisions.....	915 31	
Delahaye, cordier, pour livraison de cordages et lignes de pêche...	7,476 »	
Cordier, tonnelier, pour livraison et façon de 88 futailles neuves, 143 tonnes diverses.....................	4,577 83	
Voeghel et Thill, forgerons, suivant comptes..........	5,103 52	
Rappelet, voilier, suivant compte	4,169 35	
Vanborren et Perre, poulieurs, suivant compte........	1,193 42	
Douane, pour droit d'entrée sur les chaînes..........	404 05	
Marine, pour la visite du coffre de médicaments.......	15 »	
— Pour un plan de la rade....................	10 50	
— Pour ustensiles de tonnellerie...............	35 »	
— Papiers timbrés et frais divers..............	58 40	
— Transports divers pour l'armement..........	190 »	
— Fret à divers objets de pêche reçus du Havre...	55 65	
— Gratifications aux préposés de la douane, magasinage d'entrepôt, gendarmes de la marine, etc., ensemble....................	42 80	
Vancauwenberghe, son compte de chaudronnerie.......	629 52	
— Argent remis au départ au capitaine pour les besoins du navire......	126 50	
— Pour journées aux marins pour l'armement et installation du navire.	3,919 21	
— Pesage et transport des beurres et viandes salées................	25 50	
— Pour vaisselle de chambre, verreries, balais, allumettes, pelles et pincettes, légumes frais, craie, oignons, permis d'embarquer et deux porcs vivants mis à bord au départ.....	250 »	
Fret à diverses pièces de ligne, ports de lettres pendant l'armement..	60 75	
Gardien, pour solde de ses gages et diverses journées de travail pendant l'armement.................	43 55	
— Pour nettoyage de harpons et voyage à Boulogne à la recherche des marins pour le complément de l'équipage....................	70 »	
— Pour solde des journées de charpentiers, etc.	53 50	
Suywens, poulieur, suivant compte................	10 50	
— Pour un mât de perroquet d'hiver..........	15 »	
— Pour frais de bureau et gratification aux employés de la maison, pour le travail extraordinaire causé par l'armement pendant trois mois, et dont il sera tenu compte aux ac-		
A reporter......	57,917 63	71,351 34

	fr. c.	fr. c.
Report.........	57,917 65	71,551 34

tionnaires dans le cas où l'opération nous permettrait de percevoir notre commission d'armateurs........................... 500 »

Bourdon, pour location de deux magasins pendant quatre mois.............................. 320 »

Lorenzo, pour frais d'impression.................., 80 »

   — Journées aux ouvriers employés à l'arrangement des objets et transports au quai pour la vente publique...................... 50 »

                                              58,867 63

AVITAILLEMENT.

Derruddev, suiv^t c^te p. livraison de biscuit............	1,279 87
Franc Bray, — de mélasse..........	161 »
— — d'épiceries..........	523 80
Liem Kindt, — ¼ sucre brut.........	94 25
Jules Pol, — de bière............	259 82
— — d'eau douce.........	58 »
Bourry, — 24 volailles et 2 cages..	141 »
Janssoone, — de sel raffiné........	42 26
Hergout, — de gruau	96 »
Ve Stival, — de moutarde.........	11 »
Ve Hans, — viande fraîche........	483 25
Ringard, — pain frais...........	101 »
Mahieu, — genièvre	474 28
— — pommes de terre, pois.	295 50
Versmée, — viande et lard salé....	8,628 10
— — jambons, saucissons, etc.	214 10
Deman, — beurre salé..........	1,237 75
Moorman, — fromage	385 04

Math-Pol et fils, pour 13 barriques vin, 1,100 litres eaude-vie à 58 degrés, 175 litres cognac, 1 panier champagne, madère, etc...................... 2,377 40

Collet, pour livraison de farine de blé.............. 63 65

   —   —   d'œufs frais.................. 34 50

                                       16,931 57

MISE HORS.

L'équipage, pour trois mois et avances perdues....... 6,627 70

Capitaine Brisemael, pour trois mois avances et demigages à terre.............................. 441 90

Capitaine Reid, pour avances sur ses gages, suivant convention.. 1,263 »

Chirurgien, pour trois mois avances sur ses gages.... 360 »

Harponneurs écossais, pour avances sur leurs gages... 1,376 »

   — français   —   —   — ... 475 50

Patron de canot   —   —   — ... 50 »

Sinclair, lamaneur, pour deux demi-marées.......... 50 »

   — Pour foyus donné à l'équipage avant le départ. 351 90

   — Pour déhallage, conduite en rade, pilote, canotiers.................................. 350 »

                         À reporter..... 11,328 00 147,200 56

	fr. c.	fr. c.
Report........	11,328 00	147,200 56

Sinclair, lamaneur, pour expéditions diverses, transports d'amarres, gratifications ou pourboires et frais divers .... 175 »

Marine, pour les invalides, sur les avances de l'équipage. 141 10

Debacker, pour courtage d'entrée et sortie du navire, conduite, etc. .... 622 »

                                                     12,266 10

Assurance, sur 150,000 à 6 p. % pour six mois, et polices................................. 9,006 »

—   Au courtier, 2 $1/_2$ p. % sur la prime et ports de lettres .... 245 »

                                                  9,231 »

                                                  168,717 66

A DÉDUIRE :

L'encaissement de la prime d'armement accordée................................. 14,052ᶠ »ᶜ

     Moins la commission d'encaissement, $3/_4$ 112ᶠ 15ᶜ

     Ports de lettres, procuration.... 12 » — 124 15

                                          14,827 85

Objets vendus provenant de l'ancien inventaire du navire le *Tourville*, déduction faite des frais......... 10,000 »

Six mois intérêt sur la prime d'assurance que nous portons en compte comme comptant et portant valeur à six mois.................................... 225 »

                                                  25,052 85

Le présent armement s'élève à 143,664ᶠ 81ᶜ divisé entre 70 actionnaires, fait pour chacun 2,052ᶠ 35ᶜ........................... 143,664 81

ACHAT ET ARMEMENT D'UN NAVIRE, ET RELEVÉ DES OPÉRATIONS SUCCESSIVES
DUDIT NAVIRE.

Comme suit :

Achat, armement et expédition d'un navire de 220 à 230 tonneaux de jauge, pouvant en porter 280 à 500.

	fr.	c.
Achat d'un bon et solide navire (sans doublage).................	40,000	»
Appropriation intérieure et extérieure pour la navigation dans les glaces..	20,000	»
200 tonneaux de fûts vides................................	8,000	»
Embarcations et ustensiles pour la pêche et les glaces............	4,000	»

Gages de l'équipage et des travailleurs.

	fr.	c.
Shetlandais..	11,500	»
Vivres..	6,500	»
Complément d'armement (rechange, etc.)......................	3,000	»
Assurances [1] 8 p. % sur 105,000 fr.........................	8,400	»
5 tonneaux, sel pour les peaux.............................	250	»
	103,650	»

Relevé des voyages successifs.

1er voyage. — ½ chargement.

Supposé de 9,000 veaux, donnant :

	fr.	c.	fr.	c.
9,000 peaux (52 tonneaux) à 4f 66c l'une [2]........	42,000	»		
Huile (130 —) à 800 » l'une [2]........	104,000	»		
162 tonneaux.			146,000	»

A déduire :

	fr.	c.	fr.	c.
Escomptes et commissions 5 ¼ p. % sur 146,000 fr..	7,665	»		
Frais de fonte, transport, main-d'œuvre et magasinage, 3 p. % sur 104,600 fr.	5,120	»		
Dépréciation du navire, 10 p. % sur 60,000 fr........	6,000	»		
Frais du voyage, en gages, vivres, assurances, sel, armement, etc.	36,850	»		
			55,635	»
Bénéfice, 89,11 p. % sur 103,650 fr.—Produit net.............			92,365	»

2e voyage. — ¼ de chargement.

Supposé de :

	fr.	c.	fr.	c.
Peaux (52 tonneaux)............................	21,000	»		
Huile (65 —)............................	52,000	»		
97 tonneaux.			73,000	»
A reporter............			73,000	»

[1] Il y a une assez forte réduction à faire sur la prime d'assurance, qui n'est que de 3 ½ en Ecosse, et qu'on pourrait avoir à Paris à 5 p. %.

[2] Prix moyens actuels en Angleterre et en Ecosse, souvent dépassés.

	fr.	c.	fr.	c.
Report.......................			73,000	»

A déduire :

	fr.	c.	fr.	c.
Escomptes et commissions 5 1/4 p. º/o sur 73,000 fr...	3,852	»		
Fonte, etc., etc. . . . . 52,000 fr...	1,360	»		
Dépréciation du navire, ne valant plus que 54,000 fr. (au lieu de 60,000 fr., à cause de la retenue précédente de 6,000 fr.), soit 10 p. º/o	5,400	»		
Frais du voyage (les assurances portant sur 6,000 fr. de moins et n'ayant usé que 65 tonneaux de fûts)......	33,670	»		
			44,462	»
Bénéfice, 27,53 p. º/o sur 103,630 fr.—Produit net..............			28,538	»

3e voyage.
   1/8 de chargement.

Supposé seulement de :

	fr.	c.	fr.	c.
Peaux (16 tonneaux)	10,500	»		
Huile (32 —)	26,000	»		
48 tonn. 1/2 .			36,500	»

A déduire :

	fr.	c.	fr.	c.
Escomptes et commissions 5 1/4 p. º/o sur 36,500 fr....	1,916	»		
Fonte, etc.. . . . . . 5 p. — 26,000 fr....	780	»		
Dépréciation . . . . 10 p. — 48,600 fr....	4,860	»		
Frais du voyage (l'assurance diminuant avec la valeur du navire et n'ayant usé que 33 tonneaux de fûts)...	32,000	»		
			39,556	»
Perte, 2,94 p. º/o sur 103,639 fr.—Produit négatif..............			3,056	»

4e voyage.
   1/2 chargement.

	fr.	c.	fr.	c.
Produit brut........			146,000	»

A déduire :

	fr.	c.	fr.	c.
Escomptes, commissions, fonte, comme au 1er voyage.	10,785	»		
Dépréciation, 10 p. º/o sur 43,740...................	4,374	»		
Frais de voyage (l'assurance diminuant et avec 130 tonneaux de fûts).........................	35,441	»		
			50,600	»
Bénéfice, 92 p. º/o sur 103,650.—Produit net.................			95,400	»

5e voyage.
   1/4 de chargement.

	fr.	c.	fr.	c.
Produit brut........			75,000	»
A reporter..............			73,000	»

fr. c.

Report............ 73,000 »

À déduire :

fr. c.

Escomptes, commissions, fonte, etc., comme au 2e voyage. 5,392 »
Dépréciation, 10 p. % sur 39,360 fr................. 3,936 »
Frais du voyage (65 tonneaux de fûts)............... 32,491 »
                                                                          41,819 »

Bénéfice, 30,1 p. % sur 103,650 fr.—Produit net............... 31,181 »

6e voyage. $1/8$ de chargement.

fr. c.   fr. c.

Produit brut..........   36,500 »

À déduire :

Escomptes, commissions, fonte, etc., comme au 5e voyage. 2,696 »
Dépréciation, 10 p. % sur 53,424 fr................. 5,342 »
Frais du voyage (55 tonneaux de fûts).............. 30,896 »
                                                                          57,134 »

Perte, 0,06 p. % sur 103,650 fr.—Produit négatif............. 654 »

Si l'on veut alors liquider l'opération, on aura net 182 p. 0/0 de bénéfice, soit 30 $1/3$ p. 0/0 par an pendant 6 ans, suivant la récapitulation qui suit :

Récapitulation des six premiers voyages et liquidation.

Bénéfices des 1er voyage. 89,1 p. %   Perte des 5e voyage. 2,9 p. %
   —   2e   — . 27,5 —   — 6e   — . 0,06 —
   —   4e   — . 92   —
   —   5e   — . 30,1 —   Pertes............ 2,96 p. %

Bénéfices............. 238,7 p. %   Différence................ 236 p. %

À ajouter :

Réserves faites pour dépréciation du navire......... 28,112^f »
Vente du navire.............................. 20,000 »
                                                                 48,112^f »

Soit, 46,5 p. % sur 103,650 fr........................ 46,5

Ensemble.............. 282 %

À déduire :

100 p. % pour remboursement du capital.............. 100 »

Bénéfice net après capital remboursé...................... 182 p. %

Soit, 30 $1/3$ p. % par an pendant six ans.

Si l'on veut poursuivre l'opération pendant 10 ans et ensuite vendre le navire (que l'on suppose usé), on aura net, après liquidation 333 p. 0/0 de bénéfice, au lieu de 182 p. 0/0, et cela en comptant une carène (sans doublage) de 1,000 fr., *soit* 33 $1/3$ p. 0/0 *par an, pendant 10 ans*; en ne calculant que des $1/2$, $1/4$, $1/8$ de chargement, alternativement et sans supposer une seule pêche complète et en n'admettant aucun emploi du navire pendant les $2/3$ de chaque année, et en supposant qu'il ne pût être vendu que pour 10,000 fr. comme complétement usé.

Si l'on veut même supposer les 3e, 6e et 9e pêches complétement nulles, au lieu de les compter pour $1/8$ de chargement, on aurait encore, en moyenne et en fin de compte, un bénéfice de 27 $3/4$ p. 0/0 par an, pendant 10 ans.

Paris, Imp. Paul Dupont.

www.ingramcontent.com/pod-product-compliance
Ingram Content Group UK Ltd.
Pitfield, Milton Keynes, MK11 3LW, UK
UKHW021635090726
13657UKWH00004B/1624